DE LA SURVIVANCE

ANIMAUX DITS RESSUSCITANTS

Extrait des Actes du Muséum d'Histoire Naturelle de ... 18..

IMPRIMERIE H. RIVOIRE

1860

DE LA REVIVISCENCE

ET DES

ANIMAUX DITS RESSUSCITANTS

PAR

GEORGES PENNETIER.

> « En face de l'opinion générale d'une époque
> on a toujours le droit d'appel à la postérité. »
> PIORRY.

Extrait des Actes du Muséum d'Histoire Naturelle de Rouen, 1860

INTRODUCTION.

Il faut bien avouer que si, depuis Spallanzani, la reviviscence a rencontré de nombreux et puissants adversaires,
l'opinion générale de l'époque actuelle (en France, du
moins) est en sa faveur.

Les travaux de Schulze et de M. Doyère sont venus, dans
ces derniers temps, lui donner une importance qu'elle était
loin d'avoir avant eux; le remarquable Mémoire de M. Davaine, sur l'Anguillule du blé niellé, confirma leurs opinions,
et enfin, tout dernièrement, le savant Rapport de M. Broca,
tout en restreignant énormément la reviviscence, ne l'a pas
moins posée à la hauteur d'un fait.

Devant l'opinion de savants aussi justement estimés nous
aurions reculé, sans doute, à exprimer la nôtre, si, d'une
part, nous n'avions dans notre camp des noms également
célèbres, et si, ensuite, nous ne trouvions une excuse suf-
fisante dans le droit universel au libre examen.

Aujourd'hui que les points en dissidence sont nettement

formulés, tout malentendu est devenu impossible, toute polémique est heureusement hors de saison. « La polémique, en effet, creuse les abîmes qu'elle prétend combler, car elle ajoute l'obstination des amours-propres à la diversité des opinions (1). » Le grand procès scientifique de l'année dernière en est un nouvel exemple.

Inutile, au début de ce travail, de faire ressortir l'importance de la question des reviviscences. La science, sur ce sujet, dit M. Broca, touche aux régions les plus élevées de la biologie générale.

Défendue d'abord par les divers expérimentateurs, comme opinion personnelle, cette grave question ne tarda pas à devenir une affaire de doctrine. Le *vitalisme* et l'*organicisme* se sont rencontrés derrière elle.

D'un côté, M. Broca (2), qui conclut à la réalité du phénomène, arrive à cette conséquence logique, que c'en est fait du principe vital, et que la vie n'est autre que l'organisation en action.

D'un autre côté, M. Pouchet (3), qui défend la doctrine du vitalisme, soutient que jamais l'eau ne sera seulement capable de faire revivre une cellule morte, et annonce que si un fait semblable (*les résurrections*), qui renverse de fond en comble toutes les lois de la vie, se présentait à ses yeux avec toutes les apparences de la vérité, il consacrerait le reste de son existence à rechercher par quelles causes il aurait pu être induit en erreur.

Quant à nous, laissant à dessein de côté toute espèce de théorie, toute espèce de doctrine, nous ne sortirons pas du domaine des faits. Il est trop dangereux de se laisser aller au vent des théories.

(1) Guizot. — Méditations et Etudes morales.
(2) Etudes sur les animaux ressuscitants, in-8°, 1860.
(3) Rech. et exp. sur les animaux ressuscitants, p. 9 et 38.

Des animaux qui, en état d'activité, dans l'eau ou dans la terre humide, ne présentent rien de spécial sous le rapport physiologique, peuvent-ils se ranimer au contact de l'eau, lorsque, par l'évaporation, on les a amenés à un état de dureté et d'immobilité complètes? Tel est le grave problème qui divise aujourd'hui les savants.

Ainsi que le dit M. Broca (1), la question des reviviscences est aujourd'hui ramenée à des termes aussi simples que précis, et le débat se trouve concentré sur un seul point.

« Un corps desséché aussi complétement que possible, par des moyens artificiels, est-il privé de vie? — Oui, répondent d'une commune voix les biologistes des deux camps.

« Mais ce corps, hydraté de nouveau, peut-il reprendre la vie qu'il a perdue? C'est ici que surgit la controverse.

« M. Doyère dit : Lorsque l'expérience est faite avec les précautions convenables, lorsqu'on procède d'abord à la dessiccation, puis à l'humectation, avec assez de lenteur et de circonspection, le corps le plus desséché peut conserver encore sa propriété de reviviscence.

« MM. Pouchet, Pennetier et Tinel disent, au contraire : Aucune précaution expérimentale ne peut soustraire un animal aux conséquences ordinaires de la dessiccation, et lorsqu'une fois il est bien desséché, rien désormais ne peut lui rendre la vie. »

Les anti-résurrectionnistes prétendent que l'entretien de la vie nécessite la présence de l'eau et que la *mort définitive* est le résultat de son absence absolue. Nous croyons avec M. Broca que l'animal desséché a perdu, en même temps que les manifestations de la vie, la forme, la disposition, le volume et jusqu'à la constitution moléculaire de ses organes ;

(1) *Broca*, Ouvr. cité, p. 32.

... que nous l'admettions ... d'après nos expériences
... que l'humidité passe ... les forces
soient éteintes, mais l'état anesthésique profondément altéré.

M. le docteur Broca (1) raisonnant d'un côté, avec des
resurrectionnistes, que des animaux parvenus au degré de
dessiccation le plus complet qu'on puisse obtenir dans l'état
actuel de la science ... les individus desséchés(?),
conservent encore la propriété de se ranimer au contact
de l'eau, — et de l'autre, avec nous, que l'exposition prolongée à l'air libre constitue pour les animaux reviviscents une
épreuve très-dangereuse, en conclut logiquement que ce résultat *ne peut être attribué à la dessiccation*, mais à des alté-
rations matérielles que font subir aux corps des animaux
reviviscents les variations continuelles de la température et
surtout de l'humidité atmosphérique. Comme incompatible
avec la théorie de la dessiccation, M. Broca cite une série
d'expériences de M. Pouchet, lui-même, dans lesquelles il
a anéanti, en dix jours de chauffage à 56°, la propriété de
reviviscence aussi bien chez des animaux complétement desséchés que chez d'autres incomplétement desséchés ou même
nullement desséchés et chauffés en contact avec de l'air
humide, de telle sorte que les animaux chauffés à sec n'ont,
dit-il, résisté ni plus ni moins que les animaux chauffés dans
l'air humide. Mais M. Broca oublie que M. Pouchet, après avoir
examiné une première fois ses animaux le cinquième jour,
n'a repris son examen que le dixième, et que pendant ce laps
de temps *les uns ont pu périr plus rapidement que les autres*,
ce qui détruit son argument. « Les observations de MM. Pouchet,
Pennetier et Tinel ont notablement agrandi, dit-il, le cercle
des connaissances sur les conditions au milieu desquelles
persiste ou disparaît la propriété de reviviscence, mais ils

(1) Ouvrage cité.

... jugement, il serait imprudent, pendant ... n'établit pas fonde.

Duméril, Deyère et Broca comparent à la revivification l'expérience de grains de blé conservés une longue suite de siècles dans les anciennes sépultures. Sans jeter, à priori, le doute sur ce dernier fait, nous rappellerons cependant que M. L. Vilmorin, dans le *Journal d'Agriculture pratique*, a, dans ces derniers temps, cherché à établir que, contrairement à l'opinion très-répandue, *les blés de momie* ont perdu leur faculté germinative. Ou le vase qui contient le grain, dit-il, est hermétiquement fermé et imperméable, ou il ne l'est point. Dans le premier cas, peut-on soutenir que les matières grasses du germe ne trouvent pas assez d'air autour d'elles pour se décomposer et rancir? et dans le second cas, les vapeurs bitumineuses émanant de la momie enveloppent le grain, et l'on sait avec quelle rapidité ces vapeurs détruisent la vie végétale.

Les animaux qui ont servi à éclairer la grande et complexe question des reviviscences vivent dans des milieux divers; tels sont les Rotifères, Tardigrades et Anguillules des toits, les Anguillules du blé niellé, etc. Les résurrectionnistes en reconnaissent encore d'autres, tels que les Volvox et les Paramécies, mais nous les passerons sous silence, concentrant notre attention sur les premiers qui ont déjà fait l'objet de nos précédents écrits et sur lesquels la Société de Biologie a été appelée à décider.

HISTORIQUE.

Depuis un siècle et demi, la question des reviviscences divise le monde savant, et, il faut le dire, des noms également célèbres figurent dans les deux camps.

Mais bien loin de rester dans le domaine des faits, un grand nombre d'observateurs se laissèrent malheureusement entraîner par des considérations théologiques ou philosophiques, à nier ou à accepter *à priori* les assertions de leurs prédécesseurs. Souvent ils se sacrifièrent même aux idées et aux exigences de l'époque à laquelle ils écrivaient. Ne voyons-nous pas un Fontana, l'un des promoteurs des résurrections, reculer épouvanté devant les conséquences qui en découlent. « Il n'ose point écrire sur ce sujet, dit Dupaty, il craint d'être excommunié : tout le pouvoir du grand-duc ne le sauverait pas (1). »

La découverte des animaux qui ont servi à éclairer la grande et complexe question qui nous occupe, date de l'emploi du microscope.

Le premier micrographe, Leuwenhock, découvre en 1704 le *Rotifère*, et dès le début de la question, il met son nom en tête de la liste des anti-résurrectionnistes (2).

Quarante années plus tard, Needham (3) découvre les *Anguillules de la nielle* et Baker (4) remet au jour et sort de l'oubli les expériences de Leuwenhock sur les Rotifères. Bientôt,

(1) *Dupaty*. Lettres sur l'Italie ; Paris, 1824, t. 1er, p. 145.

(2) *Ant. à Leuwenhock*. Epistolæ ad Societatem regiam anglicam.

(3) *Needham*. New microscopcal discoveries. (Transactions philosophiques, 1743.)

(4) *Henry Baker*. Employment for the microscope. London, 1753.

l'animalité des Anguillules de Needham est contestée, on ne voit plus en elles que des *filaments animés*, des *fibres mouvantes*, des *étuis pleins de globules mobiles*, *de simples tubes de nature végétale*, mis en mouvement par l'imbibition de l'eau. Spallanzani, en 1769 (1), partage cette opinion, mais Fontana, en 1765-1771 (2), et Roffredi, en 1775 (3) confirment les idées de Needham sur la revivification des Anguillules du blé niellé, et démontrent l'animalité de ces dernières.

En 1776, Spallanzani découvre les *Tardigrades* et les *Anguillules des toits ;* il fait sur eux de nombreuses expériences de revivification, imprime le plus remarquable ouvrage du siècle dernier sur cette question (4) et, revenant sur sa première assertion, il rend aux Anguillules de la nielle l'organisation animale qu'il leur avait contestée naguère.

Les écrits du savant de Pavie trouvent d'abord de nombreux prosélytes, le phénomène de la revivification est presque unanimement accepté, lorsque Bory de Saint-Vincent (5) et Ehrenberg (6), de tout l'ascendant de leur génie, viennent jeter le doute dans les esprits en l'infirmant, et appellent sur lui de nouvelles expériences.

De nouvelles recherches paraissent : Dugès en 1838 (7) et

(1) *Spallanzani.* Nouvelles recherches sur les découvertes microscopiques, etc. Paris, 1769.

(2) *Fontana.* Traité sur le venin de la vipère, 1re édition, 1765. — Novelle letterarie di Firenza, 1771.

(3) Mém. sur l'origine des petits vers ou Anguillules du blé rachitique, dans Observ. sur la phis., l'hist. nat., etc., par l'abbé Rozier.

(4) *Spallanzani.* Opusc. de phys. anim. et végét. (Des animaux qu'on peut tuer et ressusciter à son gré.) Pavie, 1787.

(5) *Bory de Saint-Vincent.* Encyclopédie méthodique. — Dict. pitt. d'hist. nat. Paris, 1839.

(6) *Ehrenberg.* Die Infusionsthierchen.

(7) *Dugès.* Traité de physiologie comparée. Paris, 1838.

Diesing en 1851 (1) se rangent sous la bannière d'Ehrenberg et de Bory de Saint-Vincent.

Mais de leur côté, les écrits de Spallanzani sont confirmés par M. Doyère en 1842 (2) et M. Davaine en 1856 (3). Ces deux savants, par leurs découvertes, donnent une grande extension au phénomène. De son côté, Dujardin (4), après avoir formulé sa théorie du sarcode, réminiscence des idées de Lamarck, et nié les magnifiques travaux d'Ehrenberg sur l'organisation des animaux inférieurs, en ne voyant plus pour ainsi dire en eux qu'une parcelle de gélatine animée, se proclame naturellement résurrectionniste.

La question en était là lorsque la presse scientifique, au commencement de 1859, vint porter de nouvelles atteintes aux écrits de Spallanzani et de ses successeurs. MM. Pouchet (5), Tinel (6) et l'auteur de ce travail (7) ont été amenés,

(1) *Diesing*. Systema helminthum.

(2) *Doyère*. Mémoire sur les Tardigrades. (Ann. des sc. nat., zoologie. 1842.)

(3) *Davaine*. Mémoire sur les Anguillules de la nielle. (Soc. de Biol. 1856.)

(4) *Dujardin*. Hist. nat. des infusoires. 1841.

(5) *Pouchet*. Rech. et exp. sur les animaux ressuscitants. 1859. — Nouv. exp. sur les an. pseudo-ressuscit. (Actes du Muséum d'hist. nat. de Rouen.) Lettres dans le Progrès, 1859, et l'Ami des Sciences, 1859, 1860. Compt.-rend. de l'Académie des sc. 1859, t. 49.

(6) *Tinel*. Mém. sur les Rotifères. (Union méd., avril 1859.) — Mém. sur les Tardigrades. (Union méd., mai 1859.) — Note sur les Rot. et les Tard. adressée à la Soc. de Biol., mai 1859. — Lettre sur la revivification. (Union méd., juin 1859.)

(7) *Ponnelier*. Mém. sur les Rotifères. (Ami des Sciences, avril 1859.) Mémoire sur les Tardigrades. (*Id.*, mai 1859.) — Mém. sur la revivification des Rotif. des toits (en collaboration avec M. Pouchet), adressé à la Soc. de Biol., mai 1859. — Mém. sur les Anguillules des toits adressé à la Soc. de Biol., juillet 1859. — Lettres dans le Progrès, mai et juin 1859, mai 1860, et l'Ami des Sciences, juillet et octobre 1859, février 1860. — Recherches sur les Anguillules des toits. (Ami des Sc., janv. 1860.)

[illegible] de nombreuses expériences, à leur [illegible] de nouveau le [illegible] des [illegible].

L'auteur du Mémoire de 1842 revint soutenir ses [illegible] opinions (1), et bientôt M. Gavarret (2), tout en restreignant les conclusions de ce dernier, adhéra cependant au principe biologique qu'il avait soutenu.

Les discussions qui, depuis 1701, séparaient sur ce sujet les savants en deux camps bien tranchés, devinrent plus vives que jamais, lorsque les deux partis se donnèrent rendez-vous devant une société savante pour y répéter leurs expériences. La Société de Biologie en institua, de son côté, de nouvelles et conclua à la réalité du phénomène tout en restreignant encore les conclusions de M. Gavarret (3).

Le travail que nous publions aujourd'hui a donc pour but de faire connaître, en les résumant, les résultats obtenus par la Société de Biologie et d'exposer nos récentes expériences sur les points où elle est restée en dissidence avec nous.

Nous appelons à grands cris de nouvelles recherches sur ce point tant controversé de la science; car, on le voit, malgré les nombreux volumes écrits sur cette question, les deux camps qui divisaient les savants au commencement du siècle dernier sont encore en présence.

LA REVIVISCENCE DEVANT LA SOCIÉTÉ DE BIOLOGIE.

La grave question qui nous occupe encore aujourd'hui s'agitait déjà depuis près d'une année dans la presse, et le

(1) *Doyère*. Lettres dans le Progrès, 1859, et l'Ami des Sciences, 1859, 1860. — Mémoire sur la revivification. Progrès, 1859.

(2) *Gavarret*. Quelques expériences sur les Rotifères, les Tardigrades et les Anguillules des mousses des toits. Gazette hebdomadaire de médecine et de chirurgie, t. VI, n° 45.

(3) *Broca*. Études sur les animaux ressuscitants, in-8°, 1860.

phénomène de la revivification était devenu, suivant l'expression même d'un des combattants, l'objet d'un débat comme l'histoire de la science pure en offre bien peu d'exemples, lorsque les partis opposés résolurent, d'un commun accord, de prendre pour arbitre une société savante.

La Société de Biologie, qui a bien voulu accepter cette responsabilité, nomma une commission (1), et un rapport a été lu au mois de mars dernier, au nom de cette dernière, par M. le docteur Broca (2). Nous allons en faire connaître les conclusions.

Ces dernières portent successivement sur les animalcules — exposés à l'air libre, à l'ombre ou au soleil; — exposés aux agents physico-chimiques; — soumis à des changements brusques de température; — soumis à la température de 100°.

L'exposition prolongée à l'air libre, dit la commission, constitue pour les animaux reviviscents une épreuve très-dangereuse (Pouch., Penn., Tin.) et détruit en peu de mois leur propriété de reviviscence.

Les Rotifères et les Tardigrades peuvent être soumis à un froid de 17°, puis exposés subitement à une chaleur de 78°, et subissant ainsi, instantanément, un changement de 95° de température, sans perdre leur propriété de reviviscence. (Pouch.)

Enfin si, au milieu d'un grand nombre d'expériences diverses, elle n'a jamais pu revivifier d'Anguillule des toits, elle en a vu cependant revivre *une*, adulte, chauffée 30' à 70° (3).

---

(1) Cette commission était composée de MM. Balbiani, Berthelot, Broca, Brown-Séquard, Dareste, Guillemin, Robin.

(2) *Broca*. Ouvrage cité.

(3) M. Broca fait avec raison remarquer que M. Davaine a toujours vu périr les Anguillules de la nielle à 70°, et que nous, qui avons vu re-

Mais, d'après les termes précis du débat soumis à la Société de Biologie, la commission a été principalement instituée pour vérifier l'expérience du chauffage à 100°, pendant 30', expérience fondamentale et qui devait servir de base aux conclusions du rapport.

Or, des expériences faites à cette température par la commission, *tous les Tardigrades*, comme *toutes les Anguillules*, sont sortis absolument morts, et, sur *quatre-vingts Rotifères*, *onze* seulement ont été vus exécuter des mouvements d'ensemble.

Et quelles sont ses conclusions ? « *La résistance des* « *Tardigrades et des Rotifères aux températures élevées pa-* « *raît s'accroître d'autant plus qu'ils ont été plus complète-* « *ment desséchés d'avance. Les Rotifères peuvent se rani-* « *mer après avoir séjourné quatre-vingt-deux jours dans* « *le vide sec et subi immédiatement après une tempéra-* « *ture de 100° pendant 30'. Par conséquent, des animaux* « *desséchés successivement à froid dans le vide sec, puis à* « *100°, sous la pression atmosphérique, c'est-à-dire ame-* « *nés au degré de dessiccation le plus complet qu'on puisse* « *réaliser dans ces conditions, et dans l'état actuel de la* « *science, peuvent conserver encore la propriété de se rani-* « *mer au contact de l'eau.* »

Balbiani, Berthelot, Broca, Brown-Séquard,
Dareste, Guillemin, Robin.

Les conlusions d'un rapport en sont ordinairement le résumé ; c'est ce que, fréquemment, le lecteur se contente de lire ; c'est ce que le journaliste reproduit toujours. Nous re-

vivre une fois une toute petite Anguillule des toits à cette température, n'avons jamais pu la dépasser. Mais il ajoute que l'Anguillule que nous avons revivifiée était toute jeune, et que la sienne, au contraire, étant adulte, il n'oserait affirmer que des Anguillules plus petites et plus jeunes auraient pu résister à 78°.

grettons donc de ne voir figurer, dans les précédentes, ni le sort des Anguillules ni celui des Tardigrades devant la commission, et de voir la dernière phrase affirmer, comme en généralisant, que « *des animaux desséchés... etc.* »

Et cela, nous le regrettons d'autant plus, que nous voudrions que tout le monde puisse, comme nous, remarquer les restrictions apportées à la reviviscence par les expérimentateurs qui se sont successivement occupés de cette importante question de physiologie générale.

Il est aisé de voir que le camp des résurrectionnistes nous fait plus d'une concession ; nous n'entendons plus dire que le mouvement ne réapparaît chez les animalcules desséchés que lorsque, sous l'influence de l'humectation, *la décomposition commence ;* bien plus, nos adversaires rabaissent sensiblement leurs prétentions en descendant successivement de 150 à 100 degrés.

M. Doyère, en 1859 (1) comme en 1842 (2), affirme que les Rotifères et les Tardigrades « peuvent supporter une température qui peut aller jusqu'à 150 degrés centigrades, sans perdre la faculté de revenir à la vie lorsqu'on les réhumecte. »

Plus tard, un savant distingué, M. le professeur Gavarret (3), conclut de nouvelles expériences, que « les Rotifères et les Tardigrades des mousses des toits, après avoir été desséchés à froid, peuvent être soumis à la température de 100

(1) *Doyère.* Mémoire sur la revivification et sur les espèces ressuscitantes. Journal le Progrès, 1859, t. III, p. 732.

(2) *Doyère.* Mémoire sur les Tardigrades. (Ann. des sc. nat., Zoologie, 1842.)

(3) *J. Gavarret.* Quelques expériences sur les Rotifères, les Tardigrades et les Anguillules des mousses des toits dans Gazette hebd. de Méd. et de Chir., n° du 11 novembre 1859.

et même 110 degrés, sans perdre la propriété de reprendre leur activité sous l'influence de la simple hydratation, et que la température à laquelle l'altération des matières organiques s'effectue, est comprise entre 110 et 115 degrés centigrades. » Concession de 35 et même de 40 degrés.

Peu de temps après, M. Doyère, expérimentant devant la Société de Biologie, essaie de ranimer des animaux chauffés à 120 et à 140 degrés et il échoue ; il ne dépasse pas 98 degrés.

Enfin, la commission ne pouvant parvenir à rendre le mouvement à un seul Tardigrade chauffé à 100 degrés, fait tomber du même coup les assertions de MM. Doyère, Davaine et Gavarret. Elle ne ranime, au milieu d'une masse de cadavres, que quelques Rotifères retirés d'une étuve à 100 degrés. Concession de 50 degrés (1).

Ces résultats successifs, obtenus à mesure que les moyens d'expérimentation se perfectionnaient, sont bien de nature, ce nous semble, à jeter quelques doutes sur ce que Spallanzani appelle *la vérité la plus paradoxale que puisse offrir l'histoire des animaux*, et à laisser supposer que les moyens d'expérience se perfectionnant encore, il sera enfin reconnu que *l'école des naturalistes du muséum de Rouen* (2) n'a pas aussi tort que ses adversaires le prétendent.

LES ANGUILLULES.

Les animaux qui font l'objet de ce Mémoire ont attiré depuis longtemps l'attention des naturalistes, mais le sujet

(1) M. Broca admet toutefois que le chauffage à 100 degrés ne saurait être prolongé au-delà d'une certaine limite, sans mettre définitivement à mort tous les animaux. Voy. ouvrage cité, p. 96.

(2) Pour me servir de l'expression d'un des plus ardents palingénésistes.

des *Anguillules des toits* est presque entièrement neuf, Spallanzani l'a à peine effleuré ; on n'a, depuis lui, observé ces animaux qu'en passant, dans des expériences faites sur les Rotifères et les Tardigrades, et nous croyons être le premier à l'avoir repris (1).

Le groupe des Anguillules est nombreux en espèces ; mais jusqu'alors les zoologistes ne les ont désignées que par leur habitat : *Anguillules du blé niellé* ; *Anguillules des toits* ; *Anguillules du vinaigre, de la colle de pâte, des ruisseaux, des truffes*, etc. Ces différentes espèces sont spéciales aux milieux où on les rencontre. On n'a pas oublié les remarquables recherches faites à ce sujet par M. Davaine sur l'Anguillule de la nielle (2).

Les *Anguillules de la nielle* se rencontrent, dans les années humides principalement, sur les blés à tige basse, tortue, nouée et à feuilles d'un vert bleuâtre et recoquillées en différents sens. Elles se trouvent blotties par milliers sous des coques épaisses et dures, espèces de petits grains arrondis et noirâtres moins volumineux que les grains de blé sains.

Si l'on examine un épi malade avant et après la maturité du blé, on trouve de notables différences dans les Anguillules qu'il recèle, ainsi que l'ont établi les recherches de Roffredi, de Fontana, de Bauer et de M. Davaine. Ces différences tiennent à l'âge des animaux ; dans le premier cas, ce sont des *adultes*, tandis que dans le second, ce sont des *larves*.

Suivant M. Davaine, la transmission et la propagation des

<hr>

(1) *Pennetier*. Mém. sur les Anguillules des toits, adressé à la Soc. de Biol., juillet 1859. — Recherches sur les Anguillules des toits, Ami des Sciences, janvier 1860.

(2) *Davaine*. Mém. sur les Anguillules de la nielle. V. Mém. de la Soc. de Biol, 1856.

Anguillules de la nielle se fait de la manière suivante : les larves des grains niellés mis en terre se raniment par l'humidité, rencontrent les jeunes plantes développées par la germination de grains sains, pénètrent entre les gaines des feuilles qui forment alors la tige, se portent de l'une à l'autre et de l'extérieur à l'intérieur et s'introduisent entre les parties encore molles et pulpeuses qui composent l'épi. Parvenues dans le parenchyme de la fleur rudimentaire du blé, les Anguillules, qui n'avaient pris jusqu'alors aucun développement, arrivent à l'état adulte et la distinction s'établit entre les sexes ; les femelles pondent leurs œufs et ceux-ci donnent bientôt naissance aux larves qui vivent avec leurs parents dans une cavité arrondie formée par le développement simultané du parenchyme qui les renfermait.

L'apparition des *Anguillules des toits*, dans les lieux où nous les rencontrons, est beaucoup plus mystérieuse ; jamais je n'ai vu les œufs, et cependant l'apparition signalée par M. Pouchet d'une *toute petite Anguillule* vivante au milieu de cadavres de Rotifères déposés par lui sur un verre, soumis à la dessiccation et réhumectés, ne peut s'expliquer que par l'éclosion d'un œuf de très-minime taille qui lui avait formé une enveloppe protectrice et lui avait permis de résister ainsi à la dessiccation. D'un autre côté, nous avons signalé à plusieurs reprises (1), et M. Pouchet également (2), d'énormes enveloppes oviformes renfermant des Anguillules de taille adultes, douées de mouvements très-apparents, et ces espèces d'œufs étaient tellement volumineux qu'ils excluaient toute idée qu'ils pussent provenir des Anguillules des toits elles-mêmes.

(1) *Pennetier*. Recherches sur les Anguillules des toits.
(2) *Pouchet*. Rech. et exp. sur les anim. ressusci.

M. V. Chatel (1) a vu apparaître des Anguillules sur un morceau de truffe qui avait été pris dans la partie *encore saine du milieu d'un tubercule* commençant à se décomposer *superficiellement*. Je n'ose pas dire, écrit-il, que ces animalcules se développent spontanément, et, cependant, comment expliquer la préexistence de germes dans cette partie?

Comme les Anguillules des toits, celles de la nielle jouissent, d'après les résurrectionnistes, de la faculté de réviviscence. Aucun animal, dit M. Davaine, ne montre à un plus haut degré que l'Anguillule de la nielle la faculté de *mourir* en apparence et de *ressusciter,* lorsque, alternativement, on le fait dessécher et lorsqu'on l'humecte avec de l'eau. La dessiccation la plus complète, ajoute-t-il, ne détruit pas leur réviviscence. L'Anguillule des toits, dit de son côté M. Doyère (2), est l'espèce dont la réviviscence paraît être la plus énergique, celle dont la résurrection se manifeste la première, et la seule que Spallanzani a réussi à voir revivre, après l'avoir fait sécher *à nu* sur une lame de verre. Spallanzani (3) décrit même assez longuement les divers mouvements que ces animaux exécutent lors de leur retour à la vie. Tous ces mouvements, nous les avons vus nous-mêmes; mais seulement tant que nos Anguillules contenaient encore assez d'eau pour que tout travail fonctionnel ne cessât pas, et jamais, lorsqu'après les avoir suffisamment desséchées à l'ombre, au soleil ou à des températures élevées, nous leur

(1) *V. Chatel* (de Vire). Un Monde d'animalcules dans un débris de truffe. Notice. Vire, 27 mars 1859.

(2) *Doyère.* Mém. sur la revivification dans le Progrès; 1859, t. III, p. 677.

(3) *Spallanzani.* Opusc. de phys. anim. et vég., t. II, p. 263.

rendions, avec toutes les précautions voulues, l'eau dont nous les avions privées.

Il existe une grande différence, sous le rapport de la résistance vitale, entre les larves de la nielle et les Anguillules adultes. Selon M. Davaine, les premières possèdent seules la propriété de reviviscence et peuvent la conserver plusieurs années, tandis que les secondes ne peuvent jamais être ranimées lorsqu'elles ont été seulement desséchées pendant deux heures à l'air libre et à la température ordinaire. Cet expérimentateur a constaté également que les larves, préalablement desséchées, périssent toutes vers 70° au-dessus de zéro.

La reviviscence des Anguillules des toits, fort peu étudiée jusqu'ici, n'a été guère mentionnée que dans des expériences entreprises sur les Rotifères et les Tardigrades. Quand l'eau s'est évaporée, dit Spallanzani (1), elles cessent de vivre; mais elles résistent alors à la mort plus longtemps que les Rotifères et les Tardigrades. Elles conservent, après l'évaporation, un peu de mouvement, environ pendant quelques minutes. Quand elles sont bien mortes, la figure de leur corps est changée; elles s'accourcissent dans leur longueur et se contractent dans leur largeur. En les remouillant, elles reprennent insensiblement leur premier volume, et leur animalité reparaît.

Contre cette assertion de Spallanzani, nous nous sommes élevé à plusieurs reprises, et les résultats obtenus sur ces animaux, par la Société de Biologie, semblent confirmer nos négations, ainsi que le prouve le relevé suivant des expériences de la commission.

(1) *Spallanzani*, Ouvrage cité, t. II, p. 258.

H. Doyère.	Exp. III (1),		6 Anguillules,	aucune reviviscence.
	Exp. IV,		3 idem,	idem.
	Exp. V,		3 idem,	idem.
	Exp. VI,	1re préparatⁿ, 3	idem,	idem.
		2e idem,	plusieurs, idem,	idem.
		3e idem, 2	idem,	idem.
	Exp. VII,		plusieurs, idem,	idem.
	Exp. VIII,		plusieurs, idem,	idem.
M. Pouchet,	Exp. X,		1 Anguillule,	pas de reviviscence.
	Exp. XI,		1 idem,	reviviscence.
	Exp. XIII,		8 idem,	aucune reviviscence.
Expériences de la Commission,	Exp. XVII,	verre a, 0	Anguillule.	
		verre b, 2	idem,	aucune reviviscence.
		verre c, 2	idem,	idem.
		verre d, 1	idem,	idem.
	Exp. XVIII,	verre a, 0	Anguillule.	
		verre b, 2	idem,	aucune reviviscence.
		verre c, 1	idem,	idem.
	Exp. XIX,		1 idem,	idem.
	Exp. XX, Exp. XXI,		plusieurs, idem,	idem.

(1) Les expériences I, II, IX, XII, XIV, XV, XVI, ne comportant pas d'Anguillules des toits, ne figurent point dans ce tableau. Les autres ont été faites dans les conditions suivantes :

Exp. III. — Animaux desséchés à nu et à l'air libre, d'abord pendant treize jours, puis pendant soixante-quinze jours.

Exp. IV. — Animaux desséchés avec du sable.

Exp. V. — Animaux desséchés à nu, d'abord à l'air libre, puis sous la cloche sèche, et enfin dans le vide sec.

Exp. VI. — Mousse desséchée à froid dans le vide sec, puis chauffée à 98°.

Exp. VII. — Animaux déposés sur le verre avec un peu de sable, desséchés à froid dans le vide sec, puis chauffés à 98°.

Exp. VIII. — Animaux chauffés à 120° et à 140°.

Exp. X. — Animaux subissant instantanément un changement de 95° 6 de température.

Exp. XI. — Terreau chauffé pendant trente minutes à 78°.

Exp. XIII. — Animaux desséchés sur verre pendant soixante-dix-huit jours.

Exp. XVII. — Animaux desséchés à froid dans le vide sec pendant quarante-cinq jours.

Exp. XVIII. — Animaux desséchés à froid dans le vide sec pendant soixante-quinze jours.

Exp. XIX. — Animaux chauffés à 100° pendant trente minutes, après douze jours de séjour dans le vide.

Exp. XX et XXI. — Animaux chauffés à 100° pendant trente minutes, après quatre-vingt-deux jours d'exposition dans le vide sec.

Ainsi donc, sur un grand nombre d'Anguillules des toits mises en expérience par la commission, *une seule* s'est ranimée, et cela après avoir supporté pendant 30 secondes une température de 78 degrés (1).

Le maximum de la résistance vitale de ces animaux aux températures élevées, d'après le relevé de nos expériences, est de 70 et nous l'avons porté théoriquement à 75 (2) pour n'être pas accusé, dans des recherches ultérieures, d'être au-dessous du vrai. L'expérience que l'on nous oppose cependant excède notre limite de 3 degrés, mais nous ferons observer que l'Anguillule ranimée à 78 degrés est unique, et que l'expérience, n'ayant pas été répétée, ne nous semble pas devoir faire autorité. En attendant la confirmation de ce dernier fait, qui, du reste, ne ferait que reculer notre limite de 3 degrés et n'infirmerait nullement la thèse que nous soutenons, nous reproduisons nos anciennes conclusions :

1° Les Anguillules des toits déposées sur une lame de verre et conservées pendant un certain nombre de jours, soit à l'ombre, sous une température de 20 à 25 degrés, soit au soleil, sous une température de 35 à 45 degrés, ne sont plus ranimées par l'humectation ;

2° Les Anguillules des toits déposées sur le verre, recouvertes d'une couche de sable et conservées soit à l'ombre soit au soleil, perdent également leur propriété de reviviscence au bout d'un nombre de jours, d'autant moindre que la couche de sable est moins épaisse ;

3° La poussière des mousses, tamisée à plusieurs reprises, conservée en couche épaisse à l'ombre et sous une température de 25 degrés, récèle encore des animaux reviviscibles au

(1) *Broca.* Ouvrage cité, p. 61.
(2) *Pennetier.* Mém. cités.

bout de dix-huit jours. Si alors on la chauffe graduellement en petite quantité, toutes les Anguillules qu'elle renferme périssent sans retour après avoir supporté pendant deux heures (une heure et même moins suffit ordinairement) une température de 75 degrés (1).

Quant aux Anguillules du vinaigre, des ruisseaux et de la colle de pâte, nous n'en parlerons pas au point de vue de la reviviscence, parce que Spallanzani et ses successeurs leur réfusent cette propriété qui fait selon eux le partage des autres espèces. Il est vrai qu'en humectant des Anguillules du vinaigre un quart d'heure ou une demi-heure après que le vinaigre leur manque et alors qu'elles sont mortes en apparence, elles retrouvent leurs manifestations vitales; mais, ainsi que le fait remarquer Spallanzani, ce n'est pas là une résurrection.

C'est qu'en effet les résurrectionnistes divisent les familles auxquelles appartiennent les Rotifères, les Tardigrades et les Anguillules en deux groupes bien distincts sous le rapport de la reviviscence :

1° Les espèces qui vivent constamment submergées, disent-ils, ne possèdent pas la propriété de reprendre les manifestations de la vie après avoir été desséchées, même pendant un court espace de temps;

2° Les espèces qui vivent dans les lieux exposés aux alternatives de sécheresse et d'humidité possèdent au contraire cette propriété, même lorsque la dessiccation a été prolongée pendant un espace de temps relativement très-long (2).

Pour nous, si les animaux qui vivent constamment sub-

(1) *Pennetier.* Mém. adressé à la Soc. de Biologie. V. Broca, Etudes sur les an. ressuscit., p. 55.

(2) *Davaine.* Recherches sur les conditions de l'existence ou de la non existence de la reviviscence chez des espèces appartenant au même genre. (Ami des Sciences, juin 1859.)

mergés restent soumis aux lois ordinaires de la vie, tandis que ceux qui sont exposés aux variations atmosphériques reprennent le mouvement aussitôt qu'on leur rend de l'eau après une dessiccation plus ou moins prolongée, c'est que les seconds acquièrent, par leurs conditions d'existence, une plus grande résistance vitale. Mais nous ne pouvons admettre la reviviscence dans le sens où l'entendent les résurrectionnistes, parce que, d'après nos résultats d'expérience, dès l'instant où un organisme est absolument privé d'eau, toute fonction est anéantie, et la substance organique va se confondre pour toujours avec la matière inorganique.

LES TARDIGRADES.

On sait que Spallanzani, en humectant le sable des Rotifères, découvrit un nouvel animal qu'il prit d'abord pour *un petit insecte terrestre tombé par hasard dans ses crystaux de montre*, mais qu'un examen plus suivi lui montra être particulier aux mêmes localités que le Rotifère et qu'il nomma *Tardigrade*, en raison de la lenteur (très-contestable) de ses mouvements. Il appartient au groupe connu aujourd'hui sous le nom de *Systolides succeurs*.

La famille des Tardigrades renferme trois genres principaux : les *Emydium*, les *Milnesium* et les *Macrobiotus* (1). L'espèce la plus commune est assurément le *Macrobiotus hufelandii*, le *Milnesium Tardigradum* est rare ; on ne l'avait même guère rencontré qu'à Saint-Maur-les-Fossés, près de Vincennes, quand M. Doyère le trouva près de Toulon avec l'*Emydium testudo*, également assez rare.

Le Macrobiotus hufelandii, le seul pour ainsi dire qui ait

(1) Cette famille contient un assez grand nombre d'espèces. M. Doyère, dans son Mémoire sur les Tardigrades, en a décrit douze.

servi à nos expériences (1), possède un corps oblong, granuleux, jaunâtre, contractile en boule, trois à quatre fois plus gros que le Rotifère, donnant naissance, de chaque côté, à trois pattes courtes, coniques, composées de trois articulations terminées par des crochets dont la pointe est tournée vers le corps (comme dans les ongles recourbés de quelques insectes) et présentant à leur partie postérieure deux mamelons à crochets qui servent à l'animal pour se cramponner.

La reviviscence des Tardigrades, enseignée par Spallanzani, a fait le sujet d'un long Mémoire de M. Doyère en 1842. Ce savant affirme même que non seulement ces animaux peuvent être desséchés à nu ou dans le sable, à l'air libre ou dans le vide sec, sans perdre leur faculté de reviviscence, mais qu'ils peuvent supporter une température de 150 degrés après avoir été préalablement desséchés, sans pour cela perdre la faculté de revenir à la vie lorsqu'on les réhumecte.

Nous avons, ainsi que plusieurs autres observateurs, combattu ces conclusions comme étant en opposition avec les résultats de nos expériences, et nous avons admis que la dessiccation parfaite est pour les Tardigrades une cause de mort définitive et que, exposés après dessiccation à froid à des températures élevées (100° pendant 30'), ils meurent pour ne plus revivre.

Soumis à l'expérience par la Société de Biologie, ils ont résisté à une dessiccation à froid dans le vide sec pendant soixante-quinze jours ; mais chauffés trente minutes à 100 degrés, avec toutes les précautions possibles, ils n'ont jamais pu revenir à la vie par l'humectation.

---

(1) Les Emydium, en effet, nous ont paru rares à Rouen et dans les environs.

Nous avons répété la première de ces deux expériences dans les conditions suivantes :

Matériaux de l'expérience. — Terreau provenant de mousse recueillie le 1er juillet 1860 sur la rampe de la grande serre de Trianon, près Rouen, après quinze jours d'un soleil ardent ; lieu très-sec et exposé au sud-est. Ce terreau, grossièrement tamisé et contenant en moyenne 50 Rotifères et 10 Tardigrades par deux décigrammes, est resté exposé à l'ombre et à une température de 18 degrés pendant quinze jours.

Mise en train de l'expérience. — Résultat. — Le 15 juillet 1860, à une heure, on place sous la machine pneumatique, à côté d'un vase rempli de chaux vive, deux décigrammes de terreau et le vide est fait à trois millimètres. Je m'assure chaque semaine que le vide persiste toujours.

Les moyennes de la température ambiante, calculées par M. le professeur Preisser, d'après quatre observations faites chaque jour à neuf heures du matin, midi, trois heures et neuf heures du soir, ont été : en juillet, de 18° 5 ; en août, de 16° 4 ; en septembre, de 14° 7, et en octobre, de 12° 6. Notons, en outre, que le temps a été presque constamment sombre et pluvieux : sept jours de pluie en juillet, vingt-un en août, quatorze en septembre et douze en octobre.

Le 17 octobre suivant, à deux heures, je retire le terreau de dessous la machine pneumatique et je le mets sous la cloche humide.

Le 18, à la même heure, je l'humecte, et après vingt-quatre heures d'hydratation à une température moyenne de 15 degrés, aucun Tardigrade comme aucun Rotifère n'exécute le plus petit mouvement ; un grand nombre est endosmosé.

Le lendemain, 20 octobre, à deux heures, c'est-à-dire

après quarante-huit heures d'humectation, j'examine de nouveau, mais comme précédemment aucun animalcule ne manifeste le plus petit signe de vie.

Par conséquent, après un séjour de trois mois dans le vide sec, les Rotifères et les Tardigrades ne peuvent être rappelés à la vie par l'humectation quelque prolongée qu'elle soit.

Le 18 octobre, nous avons examiné comparativement du terreau de même provenance que le précédent, resté depuis le 1er août exposé, en couche mince, aux variations atmosphériques. Après vingt-quatre heures de cloche humide et trente heures d'hydratation, aucun animal ne manifeste le plus petit mouvement.

D'un autre côté, nous tenons de M. Pouchet que du terreau déposé par lui, le 18 juillet dernier, sous une cloche reposant sur le mercure et contenant un vase rempli de chaux vive, n'a pu lui fournir, le 20 octobre, aucun animal reviviscible après quarante-huit heures d'humectation.

Ces nouvelles recherches, soit à l'air libre, soit à l'air sec ou dans le vide sec, ne font donc que confirmer nos précédentes conclusions.

Pour ce qui regarde l'action des températures élevées sur les Tardigrades, la commission étant en parfait accord avec nous, s'inscrit, par suite, contre les assertions des principaux résurrectionnistes de l'époque, MM. Doyère, Davaine et Gavarret.

LES ROTIFÈRES.

Le sable des gouttières, les sillons des tuiles courbes et plates, les mousses des toits, tel est le séjour habituel des animaux dont il nous reste à parler. On les rencontre également dans certains fossés, étangs ou marais; mais ces derniers, vivant constamment submergés, ne doivent point nous arrêter.

Les Rotifères des toits (*Rotifer tectorum*), classés d'abord parmi les crustacés par Burmeister, mis ensuite dans la section des vers par Wiegmann, Wagner, Milne-Edwards, Berthold, Siebold; enfin, classés plus rigoureusement par M. Dujardin dans le groupe des *Systolides broyeurs* et sur l'organisation desquels Ehrenberg a jeté une vive lumière, sont remarquables à plus d'un titre. Leur corps est divisé en anneaux qui peuvent alternativement rentrer les uns dans les autres et s'allonger ensuite comme les tubes d'une longue vue; leur partie postérieure est armée d'un petit trident, organe locomoteur, et leur tête présente deux petits yeux rouges situés ordinairement sur le ganglion cérébral. Mais ce qu'il y a de plus curieux à noter, et ce sur quoi les auteurs ont surtout insisté, c'est la présence, de chaque côté de la tête, de deux tronçons surmontés de deux espèces de roues mobiles au gré de l'animal et qui lui ont valu son nom (*rota* roue, *ferre* porter).

Quelle est au juste la fonction de ces organes singuliers? Représentent-ils un système respiratoire ou des ébauches de branchies par paires symétriques comme le pense Bory-de-Saint-Vincent? Sont-ils destinés à conduire à la bouche du Rotifère la matière dont il se nourrit, comme le veut Spallanzani? Ou bien, enfin, ont-ils pour mission ces deux fonctions à la fois, ce qui paraît assez probable? Mes expériences ne m'ont pas encore permis de rien affirmer sur ce point de physiologie, de même qu'il me serait difficile de me prononcer sur la véritable nature d'un petit organe doué de mouvements de contraction et de dilatation et situé vers le sommet du Rotifère, espèce de petite vésicule traversée par deux lignes en croix que Leuwenhoeck, Baker et Bory de-Saint-Vincent regardent comme un cœur, mais que Spallanzani, se basant sur ce que cet organe ne bat que par intermittence, suivant la volonté de l'animal et concurremment avec le mouvement des roues, croit servir pour les aliments, de manière qu'il se contracte et se dilate pour recevoir la nourriture. Deux faits cependant semblent ici donner raison à Spallanzani : d'abord les mouvements de l'organe au gré de l'animal (il serait le seul, en effet, chez lequel les battements du cœur seraient soumis à la volonté), ensuite la facilité avec laquelle il se colore lorsque l'animal est soumis à une eau dans laquelle on a préalablement délayé une substance colorante, du carmin, par exemple.

La reviviscence des Rotifères a été acceptée par tous les résurrectionnistes. Cette espèce est même, d'après la Société de Biologie, celle dont la reviviscence est la plus énergique, puisqu'elle regarde comme établi que ces animaux peuvent se ranimer après avoir séjourné quatre-vingt-deux jours dans le vide sec et subi immédiatement après, pendant trente minutes, une température de 100 degrés.

Nos résultats d'expérience, ainsi qu'on peut le voir dans nos différents écrits sur les Rotifères, ne sont point conformes avec ceux obtenus par la commission. Devant une affirmation aussi imposante, il était de notre devoir, avant de reproduire ici nos anciennes conclusions, de répéter l'expérience sur laquelle la Société de Biologie se fonde pour formuler son arrêt. Mais, auparavant, nous ferons sur cette dernière quelques réflexions sur lesquelles nous attirons l'attention des lecteurs.

Les animaux élevés dans un terreau habituellement sec, ayant, dans les expériences de la Société de Biologie, résisté beaucoup mieux que les autres à la dessiccation, il n'en faut pas davantage, dit M. Broca, pour concilier les faits en apparence contradictoires.

Les résultats de nos dernières expériences, faites avec du

terreau provenant d'un lieu toujours très-sec, exposé au sud-est, et après quinze jours de grandes chaleurs, ne nous permettent pas de nous ranger de son avis. Nous avons expérimenté successivement sur du terreau de différentes provenances, de différentes couleurs, et toujours les animalcules qu'il contenait ont obéi à la même loi, savoir, que la dessiccation absolue a été, pour les uns comme pour les autres, une cause de mort définitive.

La remarque suivante nous donnera peut-être mieux la clef du résultat positif obtenu par la commission sur quelques Rotifères (11 sur 80).

Après avoir laissé pendant une heure vingt-et-une minutes ses animaux exposés à une température variant seulement de 60 à 65 degrés, elle leur a fait franchir 40 degrés (de 60 à 100) en dix minutes seulement, tandis que, dans nos recherches antérieures, nous ne montions graduellement, ainsi que MM. Pouchet et Tinel, que de 6 à 10 degrés par heure, c'est-à-dire, mettions plusieurs heures à atteindre une température qu'elle n'a mis que quelques minutes à obtenir. Il est en effet de la plus haute importance de s'assurer que *tous* les animalcules, ceux de la superficie comme ceux du centre du terreau, ont bien acquis la température voulue, ce qui n'a pas dû certainement arriver dans l'expérience de la commission.

Cette seule objection suffirait, ce nous semble, pour infirmer, jusqu'à nouvelles preuves, l'arrêt de la Société de Biologie. C'est pourquoi nous avons répété de nouveau, M. Pouchet et moi, cette expérience de chauffage à 100 degrés, en nous conformant toujours aux exigences de nos adversaires (1).

(1) Excepté cependant quand la commission fait passer subitement son appareil de 60 à 100° en dix minutes, ce qui nous semble contraire à une rigoureuse expérimentation.

Matériaux de l'expérience. — Même terreau que pour l'expérience précédente sur les Tardigrades exposés à l'action du vide sec.

Mise en train de l'expérience. — A côté des deux décigrammes de terreau, placés sous la machine pneumatique le 15 juillet, se trouvait un autre verre contenant trois grammes de cette même poussière, destinée à l'expérience du chauffage que nous avons faites dans les conditions suivantes :

L'air extérieur, avant d'arriver au contact des animalcules, traverse successivement deux flacons remplis de chaux vive, où il se débarrasse de son humidité. Le deuxième vase communique avec un tube en **u**, au moyen de petits tubes coudés, réunis par un ajutage en caoutchouc. Le tube en **u** plonge dans un bain d'huile, et un thermomètre placé dans le liquide indique constamment la température du bain. Du tube en **u** l'air se rend dans un troisième flacon rempli de chaux vive et destiné à intercepter toute humidité du vase à aspiration vers les animalcules. Enfin, l'air est attiré dans cet aspirateur rempli d'eau et muni d'un robinet qu'on ouvre plus ou moins, suivant qu'on veut faire arriver l'air avec plus ou moins de rapidité.

Le 27 octobre 1860, nous nous assurons que nos trois grammes de terreau contiennent encore des animalcules reviviscibles (1), et nous plaçons ensuite, pendant deux heures, dans une étuve à 60 degrés, le tube en **u**, un peu de coton cardé et les tubes coudés, ainsi que les tubes en caoutchouc situés entre le deuxième et le troisième vase à chaux.

A dix heures et demie du matin, nous mettons l'appareil

---

(1) *La moitié* des Rotifères est reviviscible, ce qui s'explique par la quantité de terreau mise en expérience et la basse température de l'atmosphère pendant les trois mois qu'elle a duré. *Tous les Tardigrades sont absolument morts.*

en activité. Deux décigrammes de terreau, au sortir de la machine pneumatique, sont immédiatement déposés dans le tube en **u** parfaitement séché, et un petit tampon de coton, également retiré de l'étuve, est introduit dans chaque branche du tube, à un centimètre au-dessus de la poussière, afin d'empêcher des parcelles de terreau de s'élever, pendant l'expérience, au-dessus du niveau du bain. A onze heures, la température de l'huile marque 50 degrés. Le tube en **u** est introduit dans le bain à un centimètre au-dessus du fond et on ouvre le robinet de l'aspirateur.

A partir de la température de 60 degrés, atteinte à midi, nous élevons successivement la température du bain de 10 degrés par heure, de sorte que le thermomètre marque 100 degrés à quatre heures du soir. Nous maintenons cette température pendant trente minutes, après lesquelles nous arrêtons le chauffage, démontons l'appareil et plaçons notre terreau sous la cloche humide.

Résultat. — Le 28, à quatre heures du soir, nous humectons notre poussière, et le lendemain, à la même heure, procédant à l'examen microscopique, nous constatons ce qui suit :

1er verre, 15 Rotifères, tous morts.
2e — 19 — idem.
3e — 17 — idem.
4e — 14 — idem.

Ayant examiné de nouveau le lendemain, nous sommes arrivés au même résultat.

Ainsi donc, sur 65 Rotifères mis en expérience, aucun n'a manifesté le plus petit signe de vie, tous nous sont apparus contractés en boule et quelques-uns endosmosés. Tous les Tardigrades étaient également morts.

Par conséquent, les Rotifères, comme les Tardigrades,

ne peuvent, même après dessiccation à froid dans le vide sec, supporter, comme on l'a avancé, la température de 100 degrés sans périr d'une manière définitive.

CONCLUSION.

Vous privez un organisme de l'eau qu'il contient en le soumettant à la dessiccation absolue, de graves désordres intérieurs en sont la suite, tout travail fonctionnel cesse, il meurt. Peut-il, arrivé à cet état, recouvrer son état moléculaire primitif et par suite ses manifestations vitales anéanties lorsque le fluide nécessaire à son existence et qui lui a été enlevé lui est rendu ?

Nos connaissances sur l'état physiologique de la matière sont si peu précises que ce serait une faute de nier *à priori* ce fait si étrange qu'il puisse paraître. D'un autre côté, les lésions anatomiques qui résultent de l'opération et les modifications profondes qui surviennent jusque dans la constitution moléculaire d'organes aussi compliqués que délicats, doivent empêcher de l'accepter à la légère.

Un phénomène aussi insolite devait appeler sur lui toutes les rigueurs de l'expérience. Elle seule pouvait décider ; tous les ergotages possibles sur la vie et la mort n'amènent à rien et entraînent naturellement des discussions de doctrine, ce qu'il faut avec soin éviter dans la recherche d'un fait naturel.

De nombreuses recherches ont donc été tentées sur ce sujet tant controversé, et cependant on est encore loin de s'entendre, bien que la question soit aujourd'hui dépouillée de ces exagérations qui tenaient du merveilleux.

Personne ne conteste que certains animaux possèdent une résistance vitale considérable, résistance qui s'accroît ordinairement à mesure que l'on descend vers les degrés inférieurs de l'utilité [illegible] mais elle n'a [illegible] confirmer [illegible] le phénomène de la reviviscence admis par certains précédents [illegible].

L'expérience aux températures élevées est beaucoup plus concluante, puisqu'elle peut être toujours répétée dans des conditions identiques, tandis que les variations de la température ambiante et de l'humidité atmosphérique rendent les épreuves beaucoup moins positives.

Or, nous avons vu que les animaux reviviscents n'ont pu, dans les mains de récents résurrectionnistes, résister à des températures bien inférieures mêmes à celles fixées par leurs prédécesseurs, et que les Rotifères, regardés encore par eux comme réfractaires à la température de l'eau bouillante, ont, dans nos dernières expériences, comme précédemment, obéi à la même loi que les autres.

Nous pouvons donc, en terminant, formuler ainsi qu'il suit nos conclusions sur la reviviscence :

1° Les animaux dits ressuscitants possèdent une résistance vitale plus ou moins considérable, mais leur prétendue propriété de *reviviscence* est démentie par les faits ;

2° La *dessiccation* doit être regardée comme la cause de la mort ;

3° Que celle-ci soit obtenue par l'exposition au contact de l'air libre, sous la cloche sèche, dans le vide sec ou à une température élevée, le résultat est le même ;

4° La durée de la dessiccation à froid varie suivant le plus ou moins de chaleur et de sécheresse de l'atmosphère ;

5° Soumis à une température de 100 degrés pendant trente minutes, après dessiccation préalable à froid et avec les précautions sus-énoncées, tous les animaux meurent pour ne plus revivre.

Nous espérons que des observateurs scrupuleux, uniquement conduits par l'amour du vrai et laissant de côté la parole enseignée, reprendront après nous la question, et

viendront, par leur autorité, donner plus de poids à nos assertions. La vérité est quelquefois longue à se faire jour, mais
elle jouit du privilége de percer tôt ou tard. Si Spallanzani
ne doute pas qu'à mesure qu'on prendra plus de goût pour
cette étude on n'augmente le nombre de ces merveilleuses
créatures, nous pouvons affirmer que ses espérances ne se
réaliseront pas, et que le nombre de ces êtres privilégiés
diminuant au contraire de jour en jour, c'est à peine si,
dans les livres sérieux, quelques lignes seront consacrées à la
mémoire de leur résurrection.

ROUEN. — Imp. H. RIVOIRE et Cⁱᵉ, rue Saint-Etienne-des-Tonneliers, 1.